彩绘版

昆虫记 ⑥

——大孔雀蝶与蝗虫

【法】法布尔 著

陈娟 编译

当代世界出版社

图书在版编目（CIP）数据

彩绘版昆虫记 .6，大孔雀蝶与蝗虫 /（法）法布尔
（Fabre，J.H.）著；陈娟编译 . -- 北京：当代世界出版
社， 2013.8

ISBN 978-7-5090-0926-0

Ⅰ.①彩… Ⅱ.①法… ②陈… Ⅲ.①昆虫学 – 青年
读物 ②昆虫学 – 少年读物 Ⅳ.① Q96-49

中国版本图书馆 CIP 数据核字（2013）第 141405 号

书　　名：彩绘版昆虫记 6——大孔雀蝶与蝗虫
出版发行：当代世界出版社
地　　址：北京市复兴路 4 号（100860）
网　　址：http://www.worldpress.org.cn
编务电话：（010）83907332
发行电话：（010）83908409
　　　　　（010）83908455
　　　　　（010）83908377
　　　　　（010）83908423（邮购）
　　　　　（010）83908410（传真）
经　　销：新华书店
印　　刷：三河市汇鑫印务有限公司
开　　本：787mm×1092mm　1/16
印　　张：8
字　　数：50 千字
版　　次：2013 年 8 月第 1 版
印　　次：2013 年 8 月第 1 次印刷
书　　号：ISBN 978-7-5090-0926-0
定　　价：25.80 元

前　言

　　法布尔是第一位在自然环境中研究昆虫的科学家，也是一位优秀的文学家。这部他用尽毕生心血写成的《昆虫记》，既是一部研究昆虫的科学巨著，也是一部不可多得的文学佳作，被世人誉为"昆虫的史诗"。

　　在过去的一百多年里，《昆虫记》被翻译成五十多种文字，在世界各地发挥着对昆虫行为学的启蒙作用，影响了一代又一代热爱自然、喜爱昆虫的读者。时至今日，《昆虫记》早已被公认为跨越领域、超越年龄的不朽经典！为此，楚天悦少儿阅读研究中心特意在尊重原著的基础上，为亲爱的小朋友们量身打造了这套少儿版科学经典。这套彩绘本《昆虫记》共六本，精选了原著中颇具代表性的十二种昆虫，意在以科学的知识为孩子的大脑补充营养，以精美的插图吸引孩子的眼球，以活泼的版式激发孩子的兴趣。

　　希望小朋友们阅读此书后，可以学习到关于昆虫的正确知识，并能够锻炼自己的观察能力，激发自己的阅读兴趣和对大自然的好奇心，培养自己尊重生命、热爱大自然、乐于探索求知的精神。如此，我们将不胜欣慰。

大孔雀蝶和蝗虫

　　大概所有的小朋友都会喜欢大孔雀蝶这种昆虫吧。因为它们那玲珑的身姿和曼妙的舞蹈曾带给我们多少美好的幻想啊！小朋友们想不想对这些可爱的精灵们有更多一些的了解呢？比如说大孔雀蝶之间是靠什么来传递信息的呢？是空气吗？还是声音？或者是其他什么方式？这些都是法布尔当时无法得出结论的问题，小朋友们现在你们知道答案了吗？

　　还记得小时候在田地里和小朋友们一起捉蝗虫的游戏吗？在温暖阳光的照射下，草坡暖暖的，四周都弥散着土壤和草混合的清新气息，在这样美丽的地方一边捉蝗虫一边嬉戏，看着蝗虫突然张开大大的翅膀，在自己的小手中胡乱踢腾着小腿，然后挣脱着逃离我们手心的情景是多么开心难忘啊！我想这份快乐一定会成为我们美好记忆的一部分，永远保存在我们的脑海里。

　　现在，让这两种可爱的小昆虫伴随着我们踏入昆虫旅行记的最后一站吧。

目 录

美丽的舞者
——大孔雀蝶

昆虫小档案

中 文 名：大孔雀蝶

英 文 名：peacock butterfly

科属分类：鳞翅目

籍　　贯：大部分分布在美洲，尤其在亚马孙河流域品种最多，在世界
　　　　其他地区除了南北极寒冷地带以外，都有分布。

大家知道欧洲最大的蝴蝶是什么蝶吗？答案是大孔雀蝶。它们是一群美丽的舞者，穿着栗色天鹅绒外衣，系着白色皮毛领带。翅膀上满是灰白相间的斑点，宛如一只只黑色的大眼睛，瞳仁中闪烁着黑色、白色、栗色、鸡冠花红色的，呈彩虹状的变幻莫测的色彩。

大孔雀蝶的盛大舞会

大孔雀蝶和其他蝴蝶一样，也是从幼虫到结茧，再到破茧而出，变成美丽蝴蝶。大孔雀蝶的幼虫是周身体色模糊泛黄的毛虫。

等到它们变得胖胖的时候就开始在老巴旦杏树根部的树皮上不动了，一圈一圈地吐丝把自己缠绕起来。最终你将看见形状奇特的褐色茧，虽然茧的样子很难看，可却孕育了美丽的大孔雀蝶。

由此可见，美丽的蝴蝶的最终形成，是从一颗小小的虫卵，经历过风吹日晒后变成毛虫，然后为了变成蝴蝶它们四处寻找食物，避开各类天敌。最后经过在茧中的一番挣扎后，冲破虫茧，最终变成我们看见的蝴蝶。

下面让我们仔细了解一下大孔雀蝶的故事吧。

　　五月的一个早晨，一只雌性大孔雀蝶在实验室的桌子上破茧而出，浑身湿漉漉的，真的很难想象面前这个丑丑的茧会变成美丽的蝴蝶。我还是立即用金属网罩把它罩起来，时刻密切注意这位公主可能会出现的情况，然后慢慢观察着它的变化。

　　晚上9点钟的时候，全家人都准备躺下睡觉了，我突然听到隔壁房间里一阵响动，紧接着听见小保尔大声喊叫："快来呀，快来看这些蝴蝶呀，像鸟儿一样大！房间里都飞满了！"我赶忙奔过去，只看到一群巨大蝴蝶四处飞舞着。

　　小保尔从来没有见过这么多的蝴蝶，怪不得他会那么兴奋，那么乱喊乱叫。

　　突然间，我想到早晨被我关在实验室的那只雌性大孔雀蝶来。

　　我想这些蝴蝶肯定是那只被我囚禁的雌性大孔雀蝶引来的，它周围的地方会成什么样儿了呀！带着这种好奇的心情，我和小保尔拿着一支蜡烛，冲进了实验室。

　　只见一大群蝴蝶轻拍着翅膀，围着钟形罩飞舞，一会儿落在罩子上，一会儿又突然间飞走，然后又飞回来，再飞向天花板，继而又飞下来。我想幸好实验室的两扇窗户有一扇是开着的，不然我们就没有眼福看到这场盛大的舞会了。

推开门的一瞬间，眼前壮观的舞会让我们都有点不知所措，它们来了多少只呢？大概算来将近 20 只吧。再加上误入厨房、孩子们的卧室和其他房间的，总数有 40 多只。

我脑海里出现了很多问号：早晨刚刚降生的雌性大孔雀蝶，到了晚上怎么就吸引了这么多的求偶者呢？短短几个小时它们是怎么获取信息的呢？又是怎么找到这里的呢？难道它们就住在附近？还是从很远的地方飞来的呢？如果是远处寻来的，那又是靠什么作为指引的呢？是嗅觉还是触觉？

大孔雀蝶之间的秘密

在此后的连续几天里，每当黑夜降临，8点到10点的时候，大孔雀蝶便会一只一只飞来。

为什么大孔雀蝶们可以如此精确地绕过这么多障碍，准确来到实验室呢？你是不是也很奇怪呢？下面让我们来了解一下大孔雀蝶的精良装备吧。

原来大孔雀蝶长着多面的小光学眼睛，比大眼睛的猫头鹰还要技高一筹。它们敢于毫不迟疑地勇往直前，即使有障碍物也会顺利通过，不会发生碰撞。因为他们方向掌握得非常好，所以尽管越过了重重障碍，抵达时仍精神抖擞，大翅膀没有丝毫的擦伤，依然完好无损。

对于它们来说，黑夜中的那点微弱光亮就已足够令它们找准方向，而且大孔雀蝶具有某些普通视网膜所没有的特殊视觉。一般情况下，大孔雀蝶会直扑所见到的东西，因为光线的指引是非常准确的。

不过大孔雀蝶有时也会出错。对于夜间活动的昆虫来说，光线是一种无法抗拒的诱惑，这可能使它们迷路，因此它们往往找不到最初的目的地。

　　本来这些大孔雀蝶王子们是在寻找被我关在实验室金属罩下的大孔雀蝶公主，可因为厨房和卧室的灯太亮了，致使它们迷失了方向，所以我们发现前厅、厨房、卧室都有它们闯入的痕迹，而这些地点离试验室不是很远。

　　这些情况说明，赶来寻找意中人的雄性大孔雀蝶们，并没有像普通光辐射告诉它们那样直奔目标飞来，而是另有什么东西在远处告诉它们，把它们引到确切地点附近，然后让最终的发现物处于寻找和犹豫的模糊状态之中。

　　那么大孔雀蝶王子们是靠什么样的信息器官在夜间寻找这位公主呢？你是不是也和我一样怀疑是它们的触角呢？那我们一起做个试验吧。

昨天晚上入侵屋子的8位大孔雀蝶仍然盘踞在窗户的横档上,那就把它们作为咱们的研究对象吧。

　　我用小剪刀从根部剪掉大孔雀蝶的触角。手术非常成功,被剪去触角的大孔雀蝶没有疼得乱飞乱舞,反而一直静静地一动不动地待在窗户的横档上。

　　下面我们该做什么呢？对了，帮这位大孔雀蝶公主移动一下寝宫，让它离开这些被剪去触角的大孔雀蝶王子们，看看这些王子还会不会准确找到它们心中的公主呢？你们猜会是什么结果呢？我也很期待。

　　我把钟形罩放在住宅另一边门廊下的地面上，离我的实验室有50米左右。然后我去查看了一下那8只动过手术的王子们，发现有6只已经从窗户飞走了，剩下的2只已经摔在了地板上。

　　我把它们翻过来，它们已奄奄一息。难道是我剪去它们触角的原因吗？当然不是。这就是蝴蝶短暂的一生。它们的寿命从破茧而出算起，不过几天的光景。

那 6 只飞走的被剪去触角的大孔雀蝶还会飞回来吗？我时不时地拿着提灯和一个网罩跑过去看看。来访者一个个被我捉住，然后辨认，分类……就这样重复着做了很多次，到了晚上 10 点半钟，再没有到访者了，试验结束了。

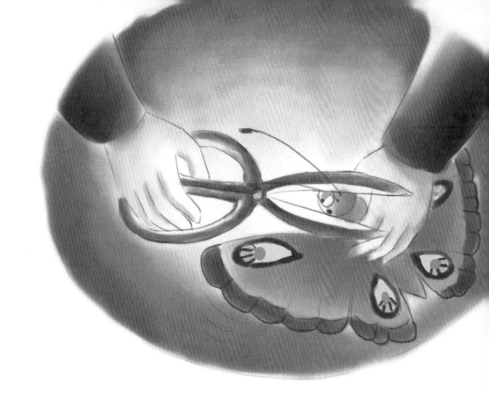

　　算算我们捉住的雄性大孔雀蝶,啊,一共是 25 只,只有一只是失去触角的。看来飞走的 6 只只有一只回来寻找那钟形罩。为什么只有一只飞回来了呢?难道其他的都放弃回来和这位公主约会吗?还是另外有了别的意中人呢?疑问还是很多,试验的结果不是很理想。我们需要增加我们的试验对象了。

　　第二天早上,我又剪去了昨天新来的那 24 只造访者的触角。而先前被剪去触角的那一只被剔除了,因为它差不多已奄奄一息了。与此同时我们也把钟形罩下的雌性大孔雀蝶挪动了地方。

　　这 24 只被剪去触角者中，只有 16 只飞到了外面。这一结果似乎表明，被剪去触角是较为严重的事。

　　大家都知道小狗莫弗拉的故事吗？当小狗莫弗拉被别人无情地割掉耳朵后，一直很忧郁，很自卑。当有别的小狗喊它一起出去玩的时候，莫弗拉说："瞧我这副德性吧！我还敢在别的狗面前露面吗？"莫弗拉感觉失去耳朵后很丑，心情也一下子变得很糟糕。

　　我的蝴蝶们会不会有小狗莫弗拉同样的担忧？这是它们的惶恐？还是自卑的心理？还是它们少了导向器的缘故呢？我想我们还是用试验来说话吧，让事实解答我们的疑问。

第四天晚上,我捉到 14 只新来的求爱者。第二天,我把它们前胸的毛拔掉一些。

到夜晚的时候,14 只被拔毛者飞回野外去了。当然,钟形罩又挪了地方。在接下来的两个小时里,我逮住 20 只蝴蝶,其中只有两只是拔过毛的。至于前天晚上被剪去触角的大孔雀蝶,则一只也没有出现。

让我们来总结一下我们的试验结果吧。拔过毛的 14 只中，只有 2 只飞回来了。另外的 12 只为什么不回来呢？在囚禁了一夜之后，为什么大孔雀蝶总是有那么多体力不支的呢？

我想只有一个答案：大孔雀蝶的一生就是为了找到它的完美伴侣，而这种对爱情的强烈愿望使它们能飞很长距离，穿过重重障碍。而过度的劳累使它们迅速地衰老，以至于为爱情付出了生命。

　　一般来说蝴蝶是快乐的美食家,在花丛间飞来飞去只为吃着各种花蜜,可大孔雀蝶却是一个禁食者。

　　它的口腔器官只是一个无用的装饰品。它们从来不吃东西,直到它们死去胃里也没有任何食物,所以它们活不长久,很快就会死掉的。而它们短暂的一生就是为了找到意中人。当它们完成生儿育女的任务的时候,也意味着死亡临近了。

所以那些失去触角的大孔雀蝶一去不复返是因为年岁大的缘故,没有力气再去寻找先前的目标。

由于试验所必需的时间不够,我们未能了解到触角的作用。我想以后有时间我们再做关于蝴蝶触角功能的试验吧。为了更好地了解大孔雀蝶是用什么办法越过重重障碍寻找到自己的意中人,我开始收集大孔雀碟的茧,以便来年春天再次进行研究。

大孔雀蝶的茧十分罕见,因为幼年毛虫的栖息地老巴旦杏树并不太多。所以寻找茧的任务很艰巨。之后我有很多次都是无功而返,空手而回! 由此可见我们曾经捉住的那150只大孔雀蝶肯定是从很远很远的地方飞来的。

但是胖胖的雌性大孔雀蝶一直是静默无语的,就连最敏锐的耳朵也不会听见它们的声音,那么那些雄性大孔雀蝶们是如何获知我实验室里雌性大孔雀蝶降生的消息呢? 是不是光线、声音或是气味引导了它们呢?

那我们先从光线分析，大孔雀蝶从窗户飞进来之前，难道可以看见几公里之外的东西吗？这有点神话的色彩了，所以光线引导它们不太可能。

再分析一下声音吧，但是数千米之外是不太可能获取声音指引的，所以声音也被排除掉。剩下的就是气味这个因素了，为了证明是气味引导雄性大孔雀蝶，让我们再做一个试验吧。

　　我们事先在雄性大孔雀蝶要来的那个屋子里撒了点樟脑。随后满屋子立刻都充斥着樟脑散发出来的味道。樟脑的气味儿会不会掩盖住雌性大孔雀蝶散发的气味呢?会不会使前来寻找它的雄性大孔雀蝶们迷失方向呢? 怀着好奇的心情,我等待着夜幕的降临。

　　到了晚上大孔雀蝶们像平时一样,如约而至。准确地向钟形罩飞去。此时,我对嗅觉能否起作用产生了疑惑。

第 9 天,我的女俘因久等无果已精疲力竭。没了雌性大孔雀蝶,我现在也无法继续试验了。

夏日里,我买了一些大孔雀蝶毛虫。供货者是几个邻居小孩。因为既可以做捉虫的游戏,还有零花钱赚,所以他们对这种交易十分有兴趣。

这帮可怜的小鬼不敢碰毛虫，当我像他们抓熟悉的蚕那样用手指捉住毛虫时，他们都吓呆了。我用老巴旦杏树枝喂养我昆虫园中的大孔雀蝶毛虫，不几天我便得到了一些优等的茧。

　　到了冬天，我在老巴旦杏树根部一丝不苟地寻找，获得不少的成果，从而补足了我的收集物。一些对我的研究感兴趣的朋友也跑来帮我。最后，通过精心喂养，四处搜寻，求人代捉，虽然我身上被荆条划得伤痕累累，却得到了不少的茧，其中有 12 只较大较重的雌性大孔雀蝶茧。

在满心的期待中,又一个冬季到来了。今年冬天异常寒冷,寒风凛冽,梧桐树的树叶在风中慢慢飞舞着落下,远远望去大地像穿了金色外衣一样,非常美丽。在这天寒地冻的腊月,我的大孔雀蝶也饱受着煎熬。所以卵孵化得有点晚了,而且还孵出来一些迟钝呆滞的家伙。

五月时,在一个个钟形罩里,雌性大孔雀蝶根据出生先后顺序,今天一只明天一只地住了进去,可是很少或者压根儿就没有从外面飞过来探望的雄性大孔雀蝶。

我收集了一些雄性大孔雀蝶,但是它们都很少飞过来,而且即使来了也无精打采的。我想也许是低温对提供信息的气味散发物有很大的影响吧。炎热则可能有利于气味的散发。

看来我这一年的心血算是白费了。但是我不会轻言放弃，为了得到真理，失败和困难是在所难免的，于是我又振作起精神来开始进行第三次试验。

到了 5 月份，我已经收集了不少虫茧。

今年春天的天气很好，每天晚上都会有十一二只雄性大孔雀蝶飞来，有时甚至更多，多时达到 20 多只。

这些雄性大孔雀蝶三三两两地扑到钟形罩圆顶上，绕着飞来飞去，不停地用翅尖拍打着圆顶，试图闯入钟形罩与美丽的雌性大孔雀蝶约会。直到 10 点钟左右不断有大孔雀蝶飞来，徒劳地尝试一番之后，它们厌倦了，飞走了，混入正在飞舞着的蝶群中去。每天都有绝望飞走的，每天也都有新的来访者。

我把钟形罩放在北边或南边，放在楼下或二楼，放在住所右边或左边50米开外，放在露天地里或一间僻静小屋的暗处。就连小保尔每天都会追着问我，现在钟形罩在哪里。任何不知情者想找可能都找不着，但是我的这些小动作却一点儿也没骗过蝴蝶们。是不是有一种神奇的力量指引它们寻找呢？

　　聪明的雄性大孔雀蝶依然可以准确地找到被关进钟形罩里的雌性大孔雀蝶。由此可见大孔雀蝶可以准确辨认目的地，并不是记忆在起作用。那会是什么指引它们寻找到正确的目的地呢？会不会是气味？是不是没有密封的钟形罩散发出雌性大孔雀蝶的气味引来了远处的雄性大孔雀蝶们呢？那么如果我们把雌性大孔雀蝶放到不透明不漏气的玻璃罩中，会出现什么情况呢？

结果让我们感到很意外，在这种严密封闭的条件下，没有飞来一只雄性大孔雀蝶，一只也没有，尽管晚上既凉爽又安静，环境宜人。

反之，我们又做了另一个试验，就是把雌性大孔雀蝶放进帽盒里，但不密封，让盒子微微开着，再把盒子放进一只抽屉里，装进大衣橱中。尽管这么一层层地藏了又藏，雄性大孔雀蝶仍然蜂拥而来。它们扑向壁橱门，用翅膀扑打着，想闯进去。

我想这类似无线电报，一道屏障无论是好导体还是坏导体，一经出现便立即阻断了雌性大孔雀蝶的信号。为了让信号畅通无阻，传得很远，必须具备一个条件：囚禁雌性大孔雀蝶的囚室不能关得严丝合缝、密不透风，要让内外空气相通。只有这样，才能吸引雄性大孔雀蝶到来。

这又使我们回到了存在一种气味的可能性上，但那是经我用樟脑所做的试验否定了的。我的大孔雀蝶的茧业已告罄，但问题仍然没有弄得一清二楚。

　　下一年我还要继续研究下去吗？我放弃了，因为在夜间观察事物还是颇为困难的，人类的微弱视力无法在夜间无光亮的情况下观察到一只大孔雀蝶的举动。而蝴蝶却不需要光亮就可以与自己的意中人谈情约会。

你肯定会说,点上蜡烛不就可以看清楚了吗？可是蜡烛经常会被飞舞的群蝶扇灭。你还可能会说,提灯观察不就可以了？可是要知道灯光的光线昏暗,又会出现阴影,根本无法让你看清楚小蝴蝶的细微举动,而且光亮会把蝴蝶从它们原本的目标引开，导致它们迷失方向。光亮越久越会影响大孔雀蝶间的约会进展。

　　一天晚上，装有雌性大孔雀蝶的钟形罩被放置在餐厅的一张桌子上，正对着敞开着的窗户。一些来访者落在钟形罩的圆顶上，在女俘面前急不可耐。而另外的一些来访者，便向煤油灯飞去。后来便贴在灯罩下面一动不动了。

　　然而整个晚上，它们全都没有动弹过。第二天，它们仍留在原地。蝴蝶对亮光的迷恋使它们忘掉对爱情的陶醉。所以我放弃了对大孔雀蝶及其夜间约会的观察。

　　我想找到一种习性不同的蝴蝶，它得像大孔雀蝶一样勇敢地奔赴约会，又能在白天和它的爱人举行婚礼。因为晚上观察动物的行为对于人类太难了，最后我选中了大孔雀蝶的近亲——小孔雀蝶。下面让我讲讲小孔雀蝶吧。

小孔雀蝶的舞会

在 3 月末的一天，从我的实验室里孵出一只雌性小孔雀蝶，我立刻把它关进实验室的钟形金属网里。希望它可以完成我的试验。

小孔雀蝶和大孔雀蝶外形上有很多地方不一样，但都很美丽。小孔雀蝶一身呈波纹状的褐色天鹅绒华服，上部翅膀尖端有胭脂红点。如果不是色泽那么发暗的话，几乎就是大孔雀蝶的装饰。

　　雄性小孔雀蝶比雌性要小一半，体色更加鲜艳。这种体形和服饰如此华美的蝴蝶，我一生中只见过三四次。我还不太了解小孔雀蝶的习性，不知道会不会有造访者来寻找这位美丽的小孔雀蝶公主呢？

　　为了更好地招来雄性小孔雀蝶，我打开房间的窗户，好让这件大事传播到田野中去，而且必须让可能前来的探访者自由进入房间。被囚的雌蝶贴在金属网纱上，等待追求它的王子们。

　　不出我所料，屋子里钟形罩周围飞来了很多雄性小孔雀蝶，它们一只接一只历经艰难曲折地飞来。

　　我辨别了一下它们飞来的方向，都是从北边飞过来的。而春风也是从这个方向吹过来的，难道它们是顺着气流、踏着春风来到这里寻找意中人的吗？

　　在北风呼啸、空气纯净、什么味道也闻不到的天气里，从北边飞来，这怎么能假定它们在很远的地方就嗅到了我们所说的气味呢？我觉得有气味的分子不可能会顶着强风传给它们。

两个小时中，来访的雄性小孔雀蝶们不断地飞进屋内找雌性小孔雀蝶。

下午两点钟时，小孔雀蝶们的爱情舞会便结束了，我大概算了一下，一共飞来了 10 只雄小孔雀蝶。在随后的整整一个星期里，每当中午时分，一些雄小孔雀蝶便会飞来。由此可见阳光暖热的程度是它们活动的前提。但数量却一直在减少。

前后加起来一共来过 40 来只。我觉得无须重复试验了，其实我只是注意两个情况，而这两个情况的不能实现也是我放弃这次实验的原因。

  首先,小孔雀蝶是在光天化日之下寻找伴侣的。而大孔雀蝶要在天黑之后活动,寻找伴侣。这种相反的习性谁可以解释清楚呢?

  我想如果它们可以开口讲话,我们或许会清楚。可惜它们不能,所以说大自然是无奇不有的,每种动物的某些习性都是与生俱来的,不是可以随便改变的。而我们人类对研究自然界的动植物也有很多盲区,这就要我们不断地去探索和了解。

其次，一股强气流从相反方向吹来，能够给嗅觉提供信息的分子，但却不会阻止小孔雀蝶飞抵有气味的气流的相反一面。

最重要的是，我们最终的研究对象是夜间举行婚礼的大孔雀蝶，而不是小孔雀蝶。我需要获得的是大孔雀蝶的爱情故事，而通过以上的研究我们不难看出，要想找出所有疑惑的答案，还是有相当难度的。

不过，即使这些答案不能够得到，其实我们已经收获了很多，不是吗？

炼金术士

——蝗虫

昆虫小档案

中　文　名：蝗虫

英　文　名：locust，grasshopper

科属分类：蝗科，直翅目

籍　　贯：分布于全世界的热带及温带的森林、草地和沙漠等地区。

想象一下，在暖暖的阳光的照射下，人们嬉笑着，在浓密的灌木森林中抓蝗虫，那些蝗虫突然张开像扇子般蓝色、红色的翅膀，用它们带有锯齿的天蓝色或者玫瑰红色的长腿在我们手指间乱蹬，这个时刻是多么美妙啊！

蝗虫是害虫吗？

　　"孩子们，明天清晨，大家都准备好，一起去抓蝗虫。"当我话音刚落，孩子们高兴地叫了起来，"好啊!"正在吃饭的全家人都激动起来。晚饭后，玩累的孩子们都熟睡了。

　　第二天我早早喊孩子们起床，收拾好装备早早出发，前往我们的目的地草坡。刚到那里，孩子们就兴奋地欢呼起来，很快就投身于捉蝗虫的行动。只见手脚敏捷、眼睛尖的小保尔仔细搜查着腊菊花簇，他看见一只圆锥形头的蚱蜢正在那儿沉思着，小保尔蹑手蹑脚地靠近它，突然这只肥胖的灰色蝗虫像受惊的雏鸟一样从那儿飞了起来。

猎手失望极了，先是拼命追，然后呆呆地停了下来，眼睁睁地看着快到手的蝗虫像云雀似的逃走了。小保尔嗷了嗷嘴，继续捕捉下一个目标了。是的，还有很多目标等着你去寻找去捕捉呢，何必非要把目光放在一个已经飞远的蝗虫身上呢？

再来看比保尔小一点儿的玛丽·波利娜，她的面前有一只黄翅膀、后腿呈胭脂红色的意大利蝗虫，你瞧她正耐心地等待，寻找机会。

　　她举着手,一边轻轻靠近,一边等机会把手按下去。啪!"逮住了!"玛丽高兴地喊着,只见她很快用一个纸袋把抓住的蝗虫装起来。

　　就这样,赶在炎热的中午之前我们就已经捉到许多各种各样的蝗虫了。

　　我和孩子们说:"要是把这些俘虏养在笼子里,再加上我们善于观察和询问,那么它们肯定会告诉我们一点儿我们不知道的知识。比如蝗虫是怎么脱皮的?是怎么从卵中爬出来的?"孩子们听后一边讨论着,一边带着我们的胜利品往家的方向前进。

　　回到家中，我对孩子们提出了第一个问题："你们知道蝗虫在田野里扮演的是什么角色吗？"小保尔抢先说："它们是吃庄稼的害虫。"我笑着和孩子们解释着："虽然在东方和非洲记载着蝗虫肆虐的故事，可据我所知，我们这个地区的农民从来都没有抱怨过蝗虫。"

　　蝗虫有强壮的胃可以吃任何东西，蝗虫出现在田野时，麦子早就成熟收割掉了。它们哪里有时间去吃庄稼呢？最多在菜园吃几片莴苣叶子，所以蝗虫没有犯下滔天大罪，只是目光短浅的人们看见他们保存的李子被蝗虫咬了几口，就把它们当成害虫。

　　火鸡吃了蝗虫会长得肥肥的，而且肉会很结实。想想圣诞之夜，人们吃的美味烤火鸡，有很大一部分就是靠蝗虫发育成长的。

不单单是火鸡吃蝗虫,珠鸡也吃蝗虫。并且吃蝗虫会使珠鸡腋下长出一层脂肪来,从而使它的肉质更有滋味。

小时候我们经常会捉些蝗虫喂母鸡，促进它更多地产蛋。如果把母鸡放出鸡窝，它一定会把小鸡带到麦茬地，不断地寻找蝗虫，以用来补充自己身体所需的营养。

　　除了家禽之外，山鹑也酷爱吃蝗虫，只要能捉到，它就宁愿吃蝗虫而不吃植物的籽粒。如果这种营养丰富、热量大的美味食物终年都有，山鹑几乎都会忘掉籽粒了。

　　在图塞内尔热情歌唱的黑脚族飞鸟中,首屈一指的是普罗旺斯的白尾鸟。

　　它们的捕食菜单中,首先是蝗虫,然后是各种各样的鞘翅目昆虫,如象虫、砂潜、叶甲、龟甲、步甲,其次是蜘蛛、赤马陆、鼠妇、小蜗牛等,最后是比较少见的血红色的欧亚山茱萸和树莓的浆果。

　　由此可见,这种食虫鸟最常吃、吃得最多的是蝗虫,它们总是将蝗虫当作主食。

　　它们把蝗虫作为粮食储备,供它们长途旅行之需。别的一些小候鸟最爱吃的也是蝗虫,你会看见它们在荒地和休耕地上争先恐后地啄食这种蹦蹦跳跳的虫子,以便为飞行储备能量。

其实人也吃蝗虫，我觉得人吃蝗虫需要非常健壮的胃，而这样的胃并不是人人都有的。我只能说，蝗虫是老天爷赠给许许多多鸟类的食物。我查看的众多嗉囊证明了这一点。

其他许多动物也喜欢吃蝗虫，尤其是爬行动物。比如蜥蜴和小壁虎。

如果蝗虫不小心落到水里，鱼会立刻把它当美味吃掉。所以很多人用蝗虫作为诱饵来钓鱼。

虽然没有直接吃蝗虫，可人们通过山鹑、火鸡和其他许多动物间接地吃掉了蝗虫。现在你还讨厌蝗虫吗？还说它是害虫吗？

人对蝗虫的关注可以追溯到很久以前,不过那不是因为当时饮食粗陋,而是当时人们认识到蝗虫是一种美食,不少人在沙漠中就靠蝗虫和野蜜生活。

我小时候也像所有的小孩子一样,生嚼蝗虫的腿,觉得非常有滋味。今天我将精心烹制这些蝗虫,裹上牛油和盐,然后煎了煎,晚餐时给家人分着吃。尽管可以吃的肉非常少,可是肉质鲜美。

在大自然中，每个动物把大部分的活动、技巧、辛劳、诡计、争斗都花在觅食的工作上。我们都知道植物成长需要光合作用，为此物理学家们已经考虑把太阳的热量储存起来，以后我们想什么时候用，就什么时候用。

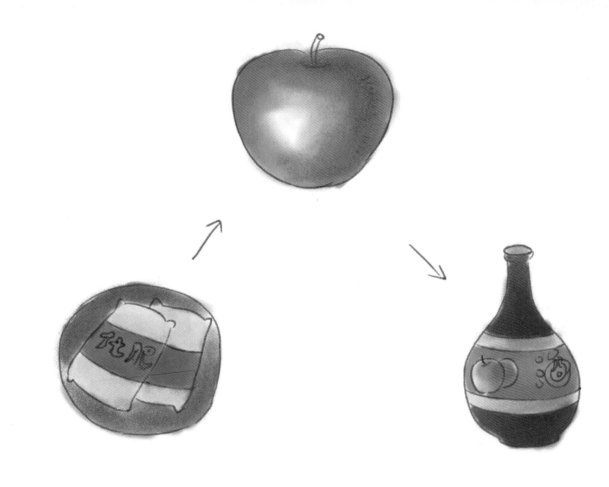

　　现在我们已经能用这些智慧认识利用着大自然。

　　化学家们也承诺在并不远的未来解决食物问题。他们用苹果制造出大量烧酒，也制造各种化肥来使庄稼增产，有机物是唯一真正的食物，是不能在实验室中化合出来的。

　　因此我们将明智地保存农业和畜牧业。我们还是靠动植物耐心工作来制备我们的粮食；我们不相信化学可以制造出火鸡来，我们还是应该信任蝗虫的大肚子，它会和人类同心协力制造出圣诞晚餐上的火鸡。

蝗虫的乐器

　　蝗虫现在正在沐浴着阳光,它突然发出了声音,三四声后,休息一下,就这样奏起了它的乐曲。

　　它那粗壮的两条后腿是没有带锯齿的琴弓,在它身子两侧弹奏着。蝗虫发出的声音非常微弱,像针尖擦着纸页的响声,其实差不多是近乎寂然无声的,需要很仔细地听。

蝗虫的发声器都是一样的，下面我们看一下意大利蝗虫吧。它的后腿呈流线型，每一面有两条竖的粗肋条。之间有一系列人字形的细肋条像梯状似的排列着，外侧和内侧都一样突出，一样清晰明显。

其鞘翅的下部边缘，也就是起琴弓作用摩擦着大腿的那个边缘也没有任何特别之处。这边缘同鞘翅的其他部分一样，有一些粗壮的翅脉，但没有锉板，没有任何锯齿。

这样简陋的发声器能发出什么样的声音呢?这种声音像轻轻擦着一块干皱的皮膜所发出的。为了发出声音,蝗虫需要反复抬高、放低它的腿,激烈地颤动着,它摩擦着身体的侧面,就像我们在满意时搓着双手那样。这就是蝗虫特有的表达生活乐趣的方式。

蝗虫歌唱的时间很短,但只要有阳光,它就一直唱着。如果太阳被云遮住了,歌唱就会立即停止。等到阳光重现时,歌唱再重新开始。这便是这些热爱阳光的昆虫表示自己舒适生活的简单方式。

　　并不是所有的蝗虫都用摩擦来表示欢乐。

　　灰色蝗虫的腿看起来非常长，也不发声，它用一种特殊的方式来表示高兴。我观察到灰色蝗虫经常到我的花园里来，即使是隆冬季节，只要阳光温暖时，我便看到它在迷迭香上张开翅膀迅速拍打几分钟，好像要飞起来的样子。但这翅膀虽然拍打得非常迅速，发出的声音却几乎听不见。

在阿尔卑斯地区,这种步行蝗虫穿着短短的紧身上衣在那里溜达散步。

步行蝗虫的鞘翅是两片粗糙的彼此间隔开的东西,像西服的后摆似的,长度不超过腹部的第一个环节,翅膀更短,连腰部的上端都遮不到。初次见它的人会把它当作蝗虫的幼虫,但其实它已是成年的蝗虫了。这种蝗虫一直到死都像这样似乎没有穿衣服。

它的上衣裁剪得这么短，难道是为了告诉我们它不可能鸣唱吗？它的确有琴弓，即粗粗的后腿，但它没有鞘翅，没有突出的边缘，所以不能在摩擦时发出声音。如果说别的蝗虫发出的声音不响亮，那么这种蝗虫则完全不发音。这种默不作声的昆虫是怎么与自己心爱的人表达爱意的呢？

步行蝗虫为什么没有飞翔的翅膀呢?其实在生物进化的过程中,有些动物发育成功,能够飞翔;有的则失败了,最后始终是笨重的步行者。这种现象的缘由很深奥,面对这种问题,我们最好的办法是谦卑地躬身隐退,避开不谈。

蝗虫的产卵

就技能而言,蝗虫是以炼金术士的身份存在于世的。它们把物质加以消化和提炼,从而制造出更加高级的产物。在我看来它们来到世上就是为了生殖繁衍,就是为我们制造食物的昆虫,它们的功劳是至高无上的。

在钟罩里的蝗虫,我用一片莴苣叶就可以把它们全都喂饱。至于繁殖,这就是另一回事儿了,值得我们观察。

　　让我们在八月末近中午时分来观察意大利蝗虫的产卵情况吧。这是我家附近最常见的跳跃类昆虫。它腰圆背厚，踢蹬有力，鞘翅短得几乎只盖住肚子的末端。这种蝗虫大部分穿着橙红色带灰色斑点的外衣。有的漂亮一些，在前胸四周有一条淡白色的滚边一直延伸到头部和鞘翅上。翅膀底部呈玫瑰红色，其余部分无色，后胫节是红葡萄酒的颜色。

　　在和煦的阳光照耀下，母蝗虫总是在网罩边缘选择适合它产卵的地方，然后吃力地把肚子垂直插入沙中。

现在母蝗虫半个身子埋在沙中,轻轻地抖动着身体,显然是排卵时的用力造成了有规则的抖动,时上时下,颈也随着脉搏轻微地跳动使头抬起落下。除了头部的摇动外,它整个身子能够看得见的只有前半部分,因为产妇专心致志于分娩工作。

分娩的母蝗虫在四十来分钟里一动不动,随后猛地把尾部从沙土中挣脱出来,跳到远处。它根本不瞧它们的宝宝,产卵洞的闭合是靠沙的自然流动而自动进行的。一切都再简单不过,丝毫没有一点儿母亲的关怀。所以说这种母蝗虫并不是慈母的典范。

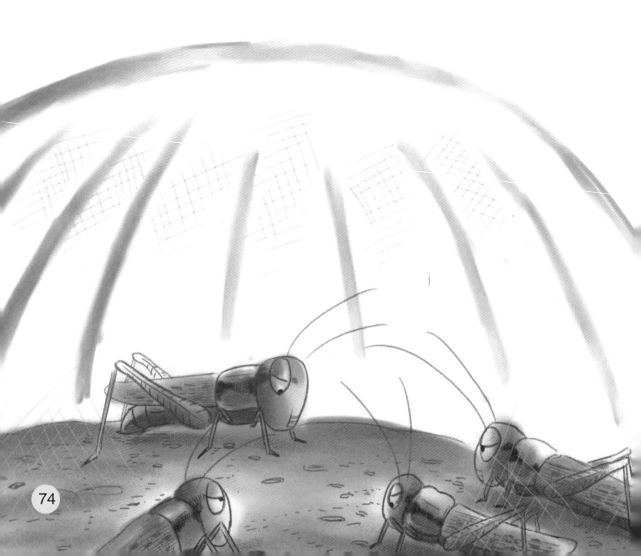

　　黑条蓝翅蝗虫则不像意大利蝗虫那样狠心，产完卵后它们从沙里钻出来，它们高举着后爪，急促地上下挥动，土就像落雹雨似的撒落，它们还用脚后跟踩着洞口，这个场面真是蛮好看的。就这样随着腿脚敏捷地踩动，住宅的入口关闭起来看不见了，洞口的土也就这样被夯实了。产卵的坑就这样彻底消失了，不怀好意者光靠视力很难发现洞穴。

　　蝗虫粗大的后腿不仅仅是两个压实器的发动机,也是弹奏乐器。它产完卵后便会生出轻微的唧唧声,愉快地在阳光下唱着歌。

　　完成一次产卵的母蝗虫便会离开这个地方,去吃几口绿叶来恢复体力,并准备下一次产卵。

  我的家乡最大的蝗虫是灰色蝗虫，身材有非洲蝗虫那么大。为了了解灰色蝗虫的习性，我把它们关在网罩里。

  母蝗虫肚子的末端有四个短短的像钩爪一样的挖掘器，分两对排列，上面的那一对较粗，弯钩朝上；下面一对细些，弯钩朝下。

  它们就是用这四个短短的挖掘器钻洞的，然后把长肚子塞进土里，艰苦地工作。

那四个钻头将打开通道,把泥土碾成粉末,肚子把碎土挤到身旁压实,就像园丁用小铲压土那样。其实适合产卵的地方并不是一下子就能找到的。我曾看到一只母蝗虫接连挖了五个洞,最后才找到合适的地方。不合要求的洞都弃掉了,还保持着挖好的原样。

这些洞垂直于地面,椭圆形,有一支粗铅笔大小,干净得令人吃惊,就连用曲柄手摇钻钻出来的洞都不如它。洞的深度就是蝗虫肚子最大限度鼓胀拉长所能达到的长度。在第六次试钻时,它认为这地点合适,便开始产卵。

母蝗虫产卵持续了整整一个小时才结束，最后它把肚子一点点儿拔了出来，它把排卵管的两边不断地翕动着，排出一种奶白色起泡沫的黏液，这有点像螳螂用泡沫包裹它的卵一样。

　　这种黏稠的泡沫状材料在洞口形成一个鼓鼓的圆形凸顶，很快就硬化了。做好这个盖顶后，母蝗虫便走开了，不再管它产下的卵，等几天后再到别处产卵。

有时，末端的泡沫黏稠物没有到达地面而只是停在半空中，这时它就很快用洞口坍塌的土把洞盖住，这样，从外面就根本看不出产卵的地点了。

　　用刀尖挖到三四厘米的深处就可以发现，各种蝗虫的产卵洞都是由一种凝固的泡沫所形成的囊，囊的外层是由黏结的沙土包裹而成的外壳。

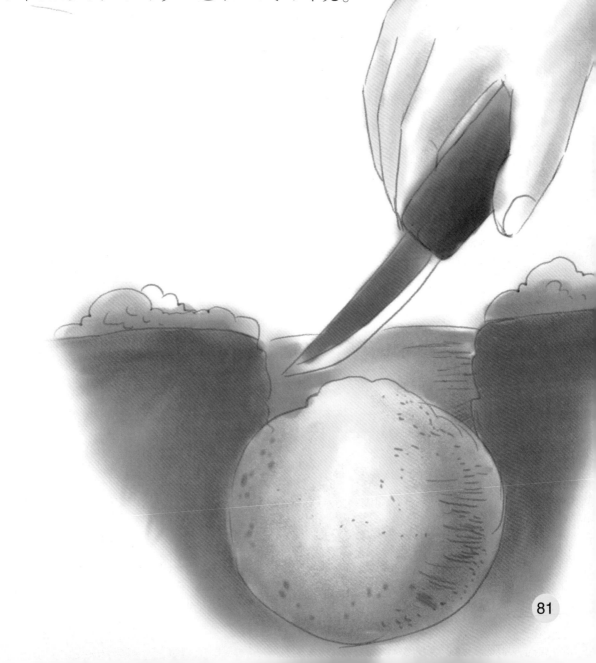

　　囊里面没有任何别的东西，只有泡沫和卵。卵淹没在泡沫外壳中，有秩序地斜放在囊的下部。囊上部全是泡沫。

　　由于这部分在小幼虫出世时不起任何作用，我把它称为"上升通道"。

　　灰色蝗虫的卵囊呈圆柱状，上端如露出地面，则隆起呈瓶塞状，其余部分粗细一样。卵黄灰色，纺锤状，淹没于泡沫中，斜向排列。

　　这些卵差不多只占整个卵囊长度的六分之一左右。每只灰色蝗虫卵的数目不多，约有三十来个，但一只母蝗虫会在好几个地方产卵。

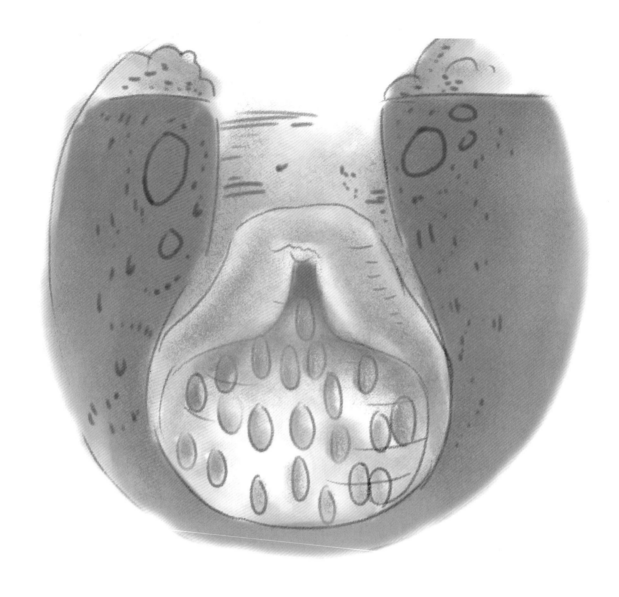

  黑面蝗虫的卵囊呈略带弯曲的圆柱形,下端浑圆,上端平截,卵囊点缀着小小的斑点,像网似的十分好看。

蓝翅蝗虫的卵囊像个大逗号,隆起的一端在下面,细长的一端在上面。卵盛在下部釜状的隆起处,数目也不多,至多有三十个,卵的颜色呈橘红色,无黑点。在隆起处上面是弯锥状的泡沫柱头。

　　步行蝗虫的产卵方法跟住在平地的蓝翅蝗虫相同。它们的作品更像个不标准的逗号,尖端朝天。卵数二十四只左右,呈深红色。卵上有深色的细点花边,装饰得十分漂亮。

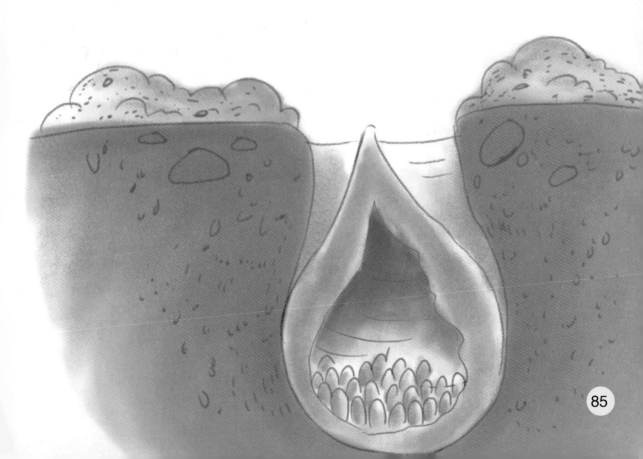

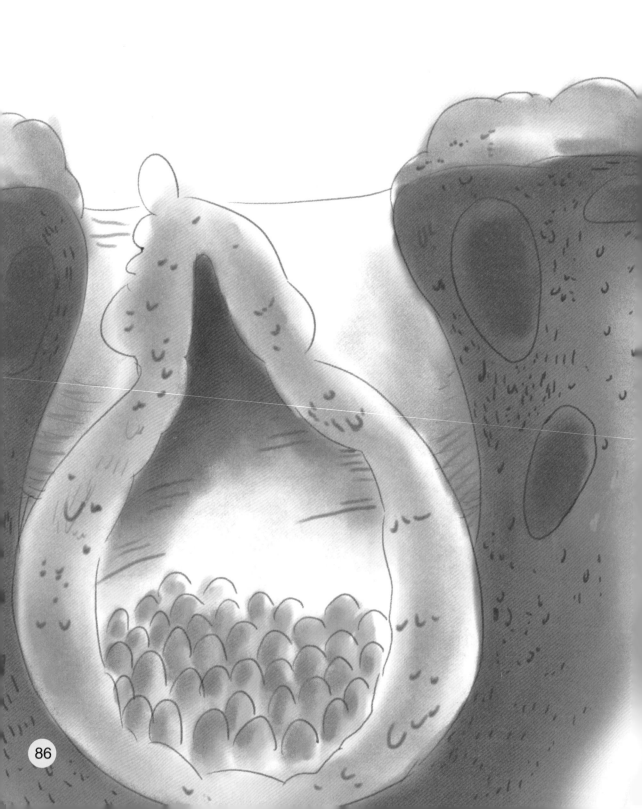

　　对于蝗虫卵巢的结构，已知的比未知的肯定少得多。不过没有关系，我们根据网罩中的蝗虫的情况已经充分了解一般卵囊的结构了。现在剩下的主要是了解下面储卵的仓库和上面储存泡沫的小塔是如何建造起来的。

　　幸亏这儿有一种我们地区最特别的蝗虫，它把这个秘密告诉了我们，它就是长鼻蝗虫，它是蝗虫家族中除了灰色蝗虫外最大的一种。

　　长鼻蝗虫体型奇特。它的后腿比整个身子都要长,像踩着高跷一样。

　　虽然腿长得不同寻常,可是跳跃的成绩却跟这长腿不大符合。长鼻蝗虫行动迟缓,跳起来也感觉笨手笨脚的,跳跃的距离很短,但一旦飞跃起来,也能飞上一段距离。

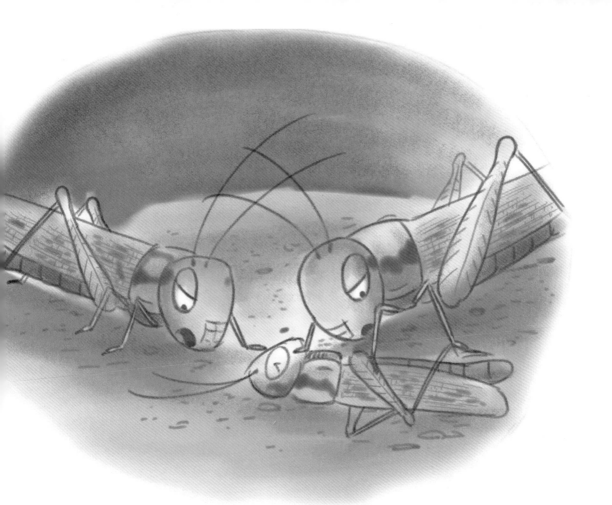

　　知道为什么管这种蝗虫叫"长鼻蝗虫"吗?因为它的头很奇怪,呈长锥体,尖端往上翘,像个长鼻子一样。它的脑袋顶部闪烁着两只椭圆形的大眼睛,竖着两根尖而扁平的触须。这两根像剑一样的触须便是捕捉信息的器官。长鼻蝗虫的触须用来探测它所关心的东西——比如食物。

　　除了这种异乎寻常的样子外,它还有一个特点:普通的蝗虫即使受饥饿所逼,彼此也相安无事地生活在一起,而长鼻蝗虫则在食物很充足的情况下,仍同类相食。

一般来说长鼻蝗虫的卵也应该产在土里，可是在我的网罩里，却出现了反常现象，它从不把卵产在土里，而是在地面甚至在高处产卵，我想可能是因为囚笼的缘故吧。

十月初，它攀在笼罩的网纱上，非常缓慢地产卵，排出非常细的泡沫黏液，黏液立即凝固为一条圆柱形的粗带，这条带有结节，可随便折曲。至于卵掉到地上随便什么地方，产妇对此漠不关心。

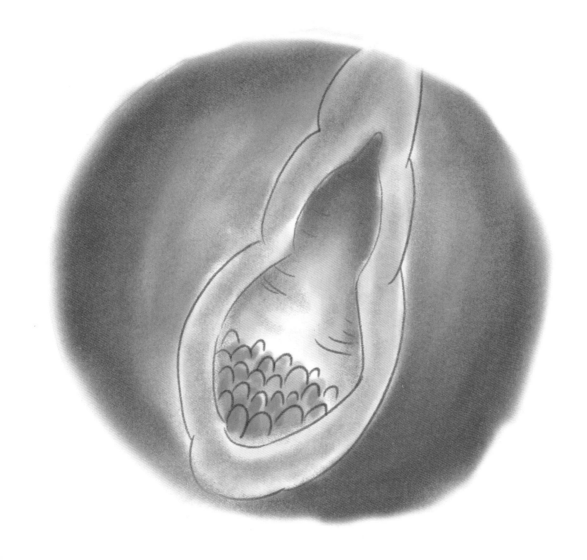

　　每次产卵所产生的一种畸形物的颜色随着时间的推移发生变化,起初是草黄色,然后颜色变暗,到第二天成为铁色。先排出的部分通常只有泡沫,后面才有卵,卵呈现琥珀黄色,包在泡沫构成的外壳里,大概有二十来个,形状像圆钝的纺锤,长八九毫米。产生泡沫的器官比排卵器官先运作,随后跟排卵器官一道工作。

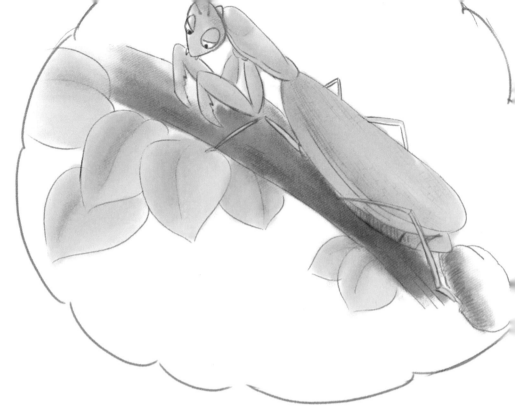

　　长鼻蝗虫通过什么使它的黏性物质发泡，从而形成多孔的立柱和卵的包裹物呢？母螳螂用它的小勺打蛋白，然后使之成为泡沫。但是蝗虫使黏液发泡的工作是在体内进行的，在外面根本看不出来。黏性物质一排出来就有泡沫了。

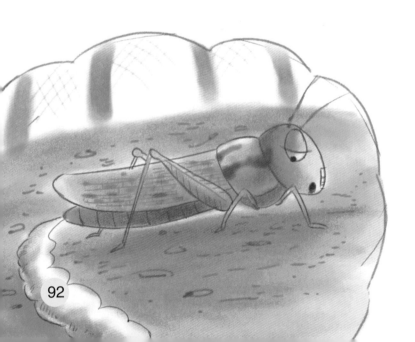

螳螂的建筑物虽然很复杂,却仅仅是靠着工具的作用。其用来盛蛋的箱子纯粹是机体作用的结果。长鼻蝗虫更是如此。

泡沫似的材料在外部凝固起来并裹着沙砾成为一道天然的屏障,里面的卵有规则地分层排列于下部,而上端则是一个不坚固的泡沫立柱。

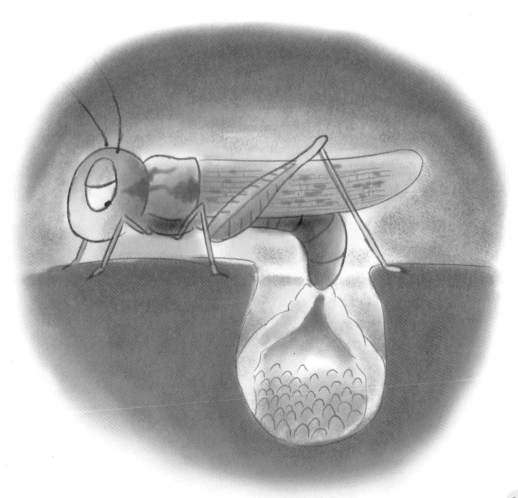

幼虫是怎样钻破干硬的地皮来到地面的呢?冲出坚硬的地皮是靠它们母亲产卵时的技巧。

我们用透明的玻璃管来做实验,我把卵囊里的帮助它们通往地面的延伸部分去掉,实验结果是:几乎所有的新生儿都因为有一寸厚土层的阻挡,冲不出去而精疲力竭地死掉了。

而如果我让卵囊保持原先的状态, 有朝上的上升通道,那么幼虫就都可以顺利地爬到地面上来。我们必须承认,蝗虫的建筑物设计得非常巧妙。

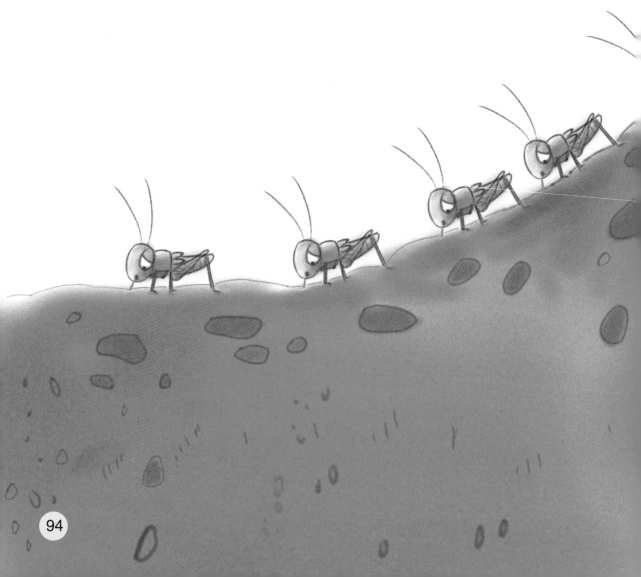

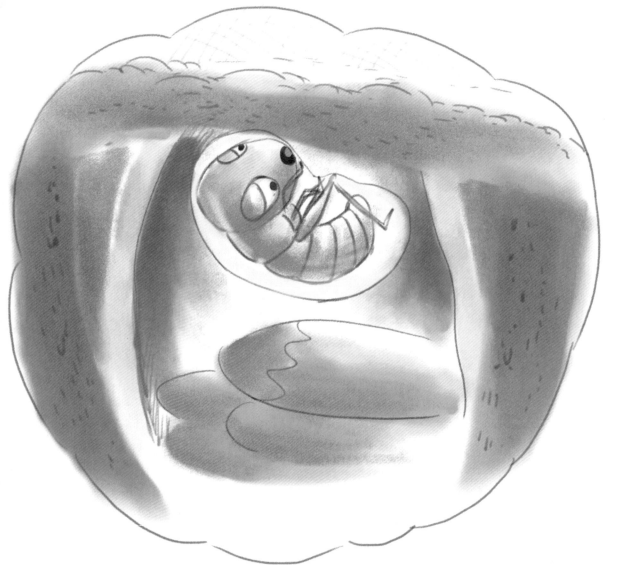

　　其实穿过大约一指厚的土层，这对于新生儿来说是个非常艰巨的工作。为了更好地研究小蝗虫是如何穿越一指厚的土层的，六月底我用蓝翅蝗虫做了幼虫的研究。

　　幼虫刚孵出来时身体外面包着一个临时的盔甲。

　　头弯曲着，粗壮的后腿和前腿并排在一起。在前进时，爪松开一点儿，后腿伸直成直线，作为挖掘工作的支点。

　　小蝗虫的颈部，有一个泡囊，像机器的活塞那样有规则地鼓胀、收缩、颤动，撞击着面前的障碍物。其实这个颈部的小小泡囊非常嫩，但就是如此稚嫩却与坚硬的土壤碎石进行着搏斗，我不禁油然产生怜悯之情，于是我在它要穿过的土层滴了些水，使土质更加柔软些，这样可以让它在上爬的过程中轻松一些。

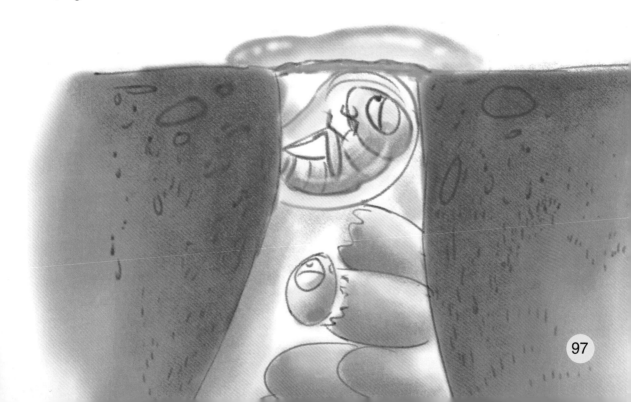

　　尽管有我的参与,经过一个小时,这只蝗虫幼虫才前进了一毫米。可它一直在坚持不懈地用颈拱啊顶啊,用腰摆啊扭啊,最终冲破土层,呼吸到了新鲜的空气。所以如果蝗虫的母亲没有留下上升通道,大部分幼虫都会死去的。

皮蜕掉了，小虫便自由了。

刚蜕掉皮的小虫是不会吃东西的，要等到太阳把它们晒得成熟起来，才开始吃东西。你会发现成熟后的小虫把一直伸成直线的后腿立即摆出固定的姿势，小腿弯曲在粗粗的大腿下面，小蝗虫开始准备进入大自然的第一次跳跃了，它的腿像弹簧一样，可以跳出很远。

蝗虫的最后蜕皮

　　大家知道蝗虫的幼虫是怎样脱下外套变成成虫的吗?下面让我们来观察一下灰色蝗虫的蜕变过程吧。

　　灰色蝗虫的幼虫胖嘟嘟的很难看,不过已经具有成虫的粗略模样,通常是嫩绿色,但也有的是淡黄色、红棕色,甚至还有披着成虫外衣那样的灰白色的。

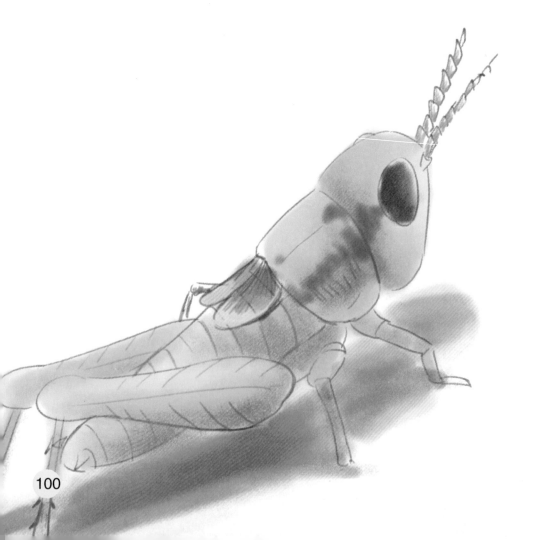

　　幼虫前胸呈明显的流线形,后腿像成年蝗虫一样粗壮,肥大的腿上点缀着红色。长长的小腿有双面的锯齿。

　　蝗虫幼虫的鞘翅一开始只是两片不起眼的三角形翼端。只能勉强把昆虫背上的基部盖住,就像是西服的垂尾,为了节省布料而被剪得非常难看。

　　不久后这些难看的翅膀胚芽就会变成苗条轻巧的翅翼。

幼虫在蜕皮时,用后腿爪和关节部分抓住网纱,前腿弯曲,在蜕皮的过程中始终保持这个姿势。

　　首先必须使旧的外套裂开。在翼端的后部,前胸前端的下面,由于身体反复的胀缩而产生推动力。同样的胀缩也发生在颈部的前端,或许这种动作在全身都在进行着,只是我们用肉眼很难看出来。全身胀缩的动作只在关节的薄膜处才可以看出,中央部分被前胸的护身甲遮住了,很难被看出来。

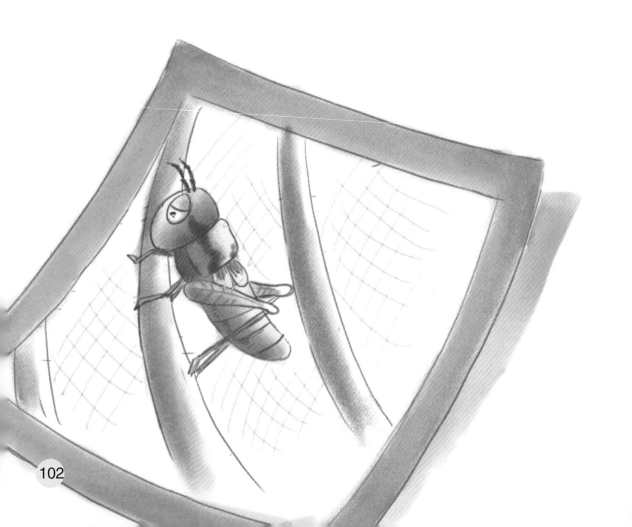

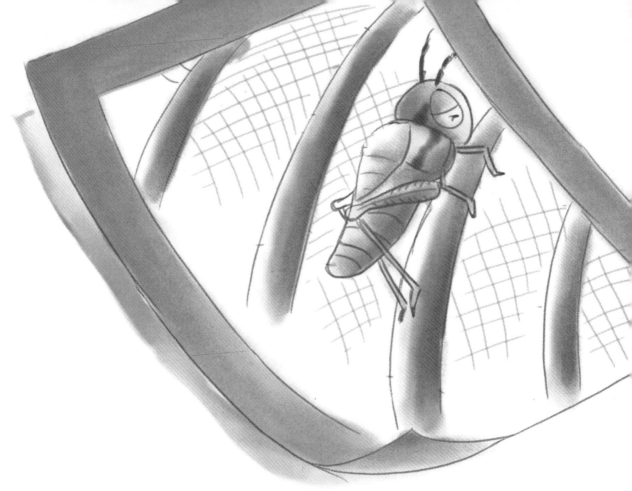

　　在蜕皮的过程中,蝗虫身上的血靠着这种推力,会使外皮沿着一条阻力最小的线裂开,我们用肉眼只看到中央部位一伸一退地动着。

　　蝗虫外皮的这条线是生命根据精妙的预见性而事先准备好的。裂缝就在整个前胸的流线体上张开,然后慢慢向后延伸,一直到翅膀的连接处。

　　通过这个缺口,蝗虫的背部慢慢鼓胀,越来越隆起,直至完全从外壳中露出来。

接着，头从外壳里拔出来。这时你会发现垂在壳外半透明的脸毫无生机的样子，而且这个时候，蝗虫的眼睛是看不见任何东西的。

　　触须在这么窄的紧身外套下蜕掉，没有受到任何阻力，所以外套不会翻转过来，没有变形，甚至连一点儿皱纹都没有。触须的体积同外壳一样大，可它没有弄坏外壳，却轻而易举地从外壳中出来了，是不是很神奇呢？

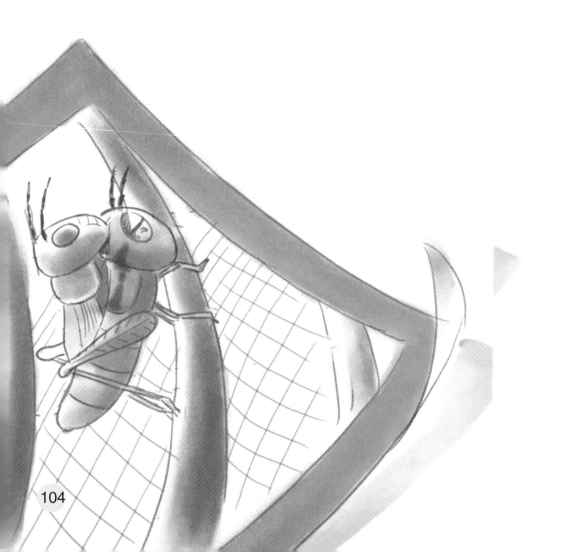

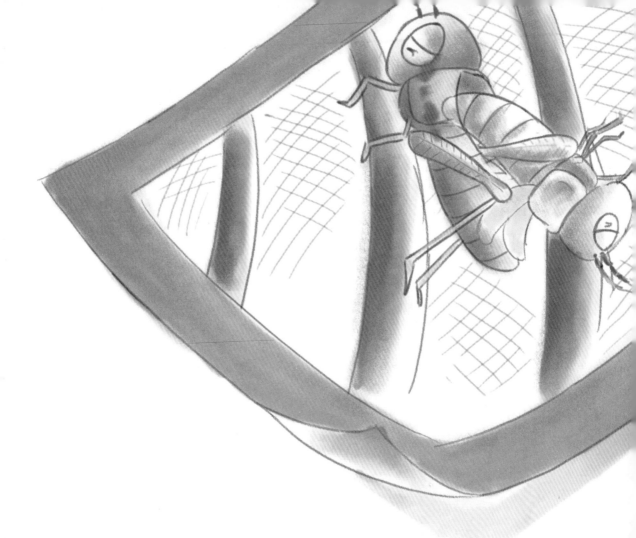

　　现在轮到前腿了，先是关节部分蜕掉臂铠和护手甲，此时蝗虫只靠长长的后腿的爪固定在网罩上。这时它垂直悬挂着，头朝下，如果我碰碰罩子的网纱，它就会像钟摆似的摆动着。四个小小的弯钩是它的悬挂支点。

　　这种状态持续在蜕皮的过程中，一直到整个身体从外壳中拔出后才会松开。

当鞘翅和翅膀出现后，你会发现这四个狭小的碎片，几乎不到最终长度的四分之一。为了让这四个狭小的碎片达到飞翔的要求，蝗虫机体内部开始运转，用黏液把碎片凝固起来，从外面看，似乎一切都是没有生机的。

　　接着，后腿摆脱了束缚，露出了粗壮的大腿。大腿出来很容易，把收缩起来的骨头一挣便出来了。

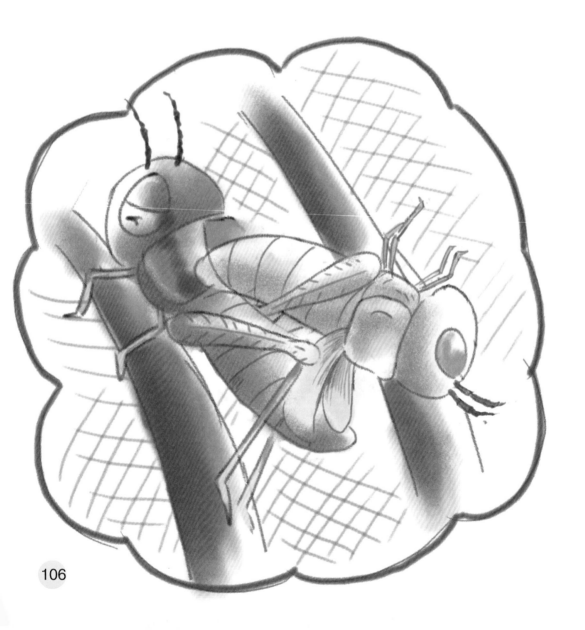

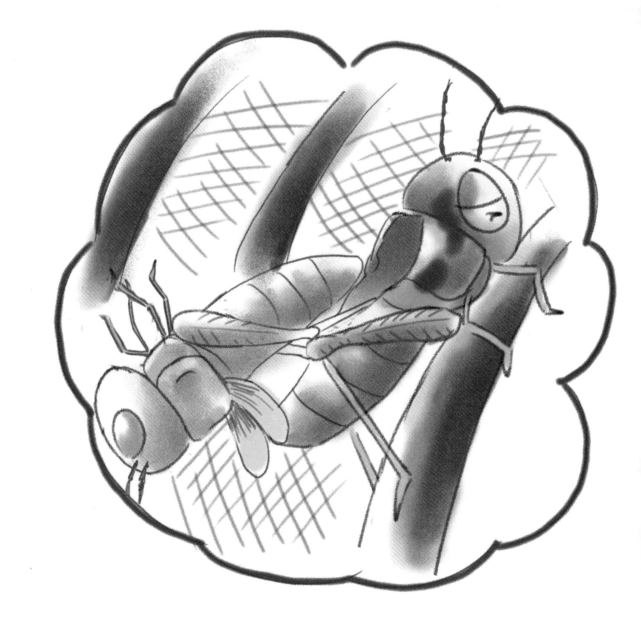

    蝗虫的小腿上竖立着两排坚硬而锋利的小刺,在下部末端有四个强有力的弯钩。所以小腿的蜕皮不是一件容易的事情。

    蝗虫把小腿伸出来时,它那紧贴着的长外壳的任何地方都没有被钩破。如果不是看了又看,我是根本不敢相信的。

我想象不到脱下来的破烂衣服仍在原地,靠着它爪状的外皮,钩在网罩的圆顶上,没有一点儿皱褶,没有丝毫裂缝,用放大镜也看不出上面有任何强力硬剥下来的痕迹。这外壳蜕皮前是什么样子,蜕皮后仍然是什么样子。

　　如果有人叫我们用一把锯子从紧紧裹着钢锯齿的薄膜套子里拔出来,而又要丝毫不能扯坏这薄膜套子,那我们一定会哈哈大笑,因为这显然是不可能的。蝗虫的爪子告诉了我们,生命对这种看来不可能的事情嗤之以鼻,生命有办法在必要时实现荒谬的事情。

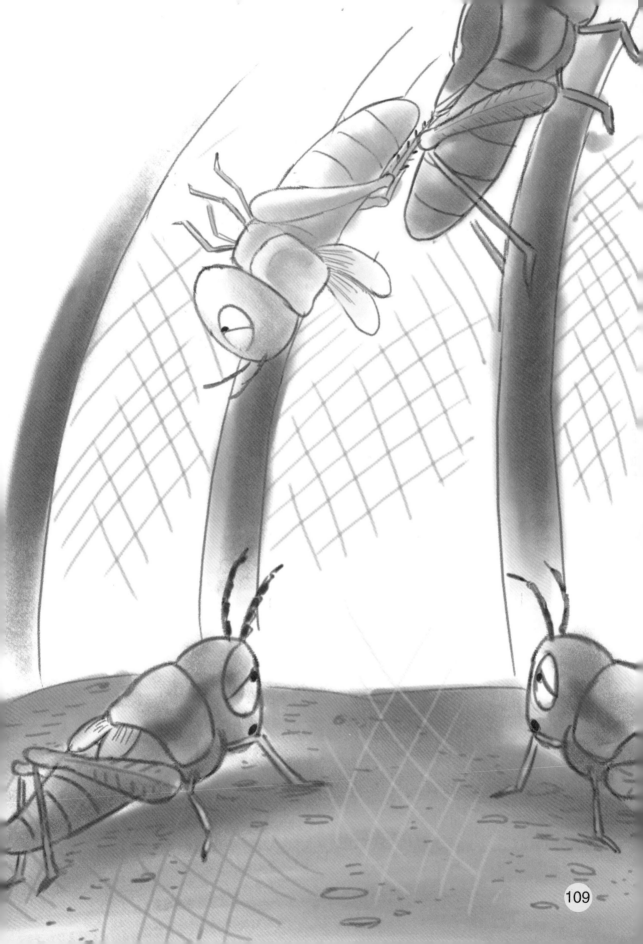

蜕完皮后,蝗虫大概需要二十分钟左右进行休息,恢复体力。

然后,其脊椎一使力,倒悬着直立起来,用前跗节抓住挂在它头上的旧壳。它就像用脚钩住高空秋千杆,倒挂着的杂技演员。靠着它刚刚抓住的支撑物,蝗虫稍稍往上爬便遇到网纱,这网纱相当于在野外蜕变时的灌木丛。它用四只前爪抓住网纱。这时肚子的末端完全解放了,它最后一挣,旧壳便掉在了地上。

我对旧壳的掉落很感兴趣，它使我想起了蝉衣是如何顶着冬日的寒风而不从支撑它的小树枝上掉下来。蝗虫的蜕变方式跟蝉差不多，可为什么蝗虫的悬挂点这么不牢固呢？

　　现在让我看看完成蜕皮后的鞘翅和翅膀，它们开始的时候是残缺不全的，翅膀的展开是在幼虫完全蜕皮并恢复正常姿势后，才最后进行的。

　　完全展开的翅膀呈扇形，一束轮辐状的粗壮翅脉横穿翅膀，成为可以张开和折叠起来的翅膀的构架。在翅脉之间，无数横着排列的支架一层层叠起，使整个翅膀成为一个带矩形网眼的网络。鞘翅粗糙而且小得多，也是这种方块结构。

　　翅膀的展开从肩部开始,最初什么也看不出来,过了不久,显现出一块半透明的纹区,上面有清晰而精致的网络。这块纹区一点点儿扩大,慢得连放大镜都看不出来,而末端胖乎乎不成样子的那块东西则逐渐缩小,稍等一会儿,那方块组织就清清楚楚地显现出来了。

我把一个发育一半的翅膀折下来，用高倍显微镜观察它。我发现了似乎正在逐步结网的两部分的交接处，其实这个网络早就存在了。

　　翅膀并不是慢慢长出来的。它就像一块已经完全织好的布料，只需要熨斗在衣服上熨一下就行了。

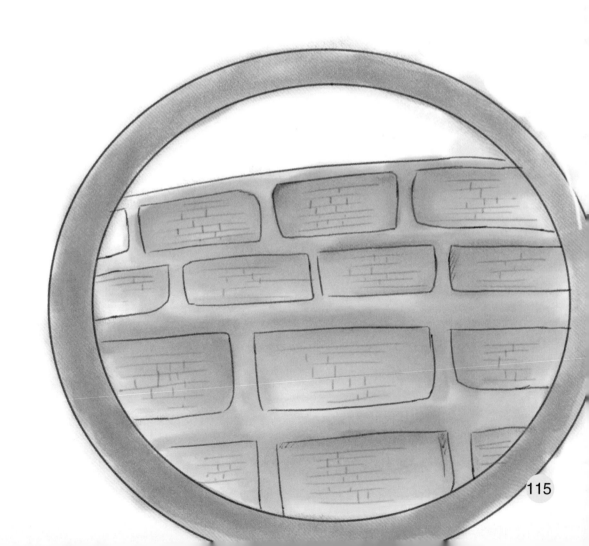

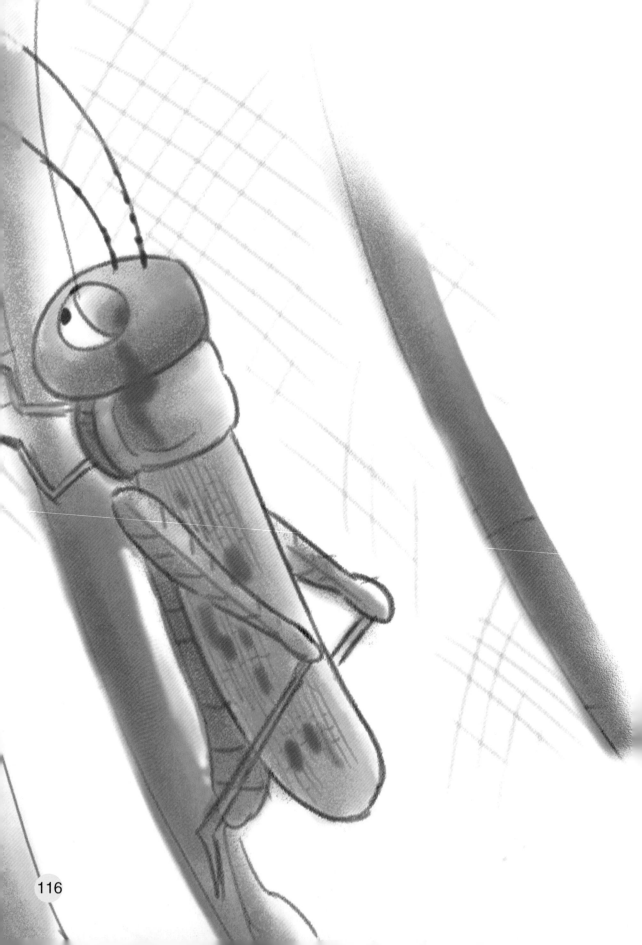

经过三个多小时,鞘翅和翅膀完全展开了,竖立在蝗虫的背上,它们就像蝉翼那样,是无色或者嫩绿色的。想起它们最初那种不起眼的小包裹的样子,如今展开得这么大,我们不禁赞叹不已。这么多材料怎么能够都找到安置的地方呢?

这对竖立成四块平板的了不起的翅膀慢慢地坚硬起来,出现了颜色。到了第二天,颜色便达到了标准的程度。翅膀第一次折合成扇子平放在应放的地方;鞘翅则把外部边缘弯成一道钩贴到身子的侧部。蜕变结束了,灰色大蝗虫要做的事就是在温暖的阳光下进一步壮实起来,把它的外衣晒成灰白色。现在我们让它去享受它的欢乐吧。

  这个小不点儿的蝗虫经过几个小时就会把小小的翅膀胚芽变成漂亮的翅膀,看到这个绝妙的魔术,我们大家都感到惊讶。这时你会不会说生命真是卓尔不群的艺匠呢?生命用织布梭来编织蝗虫毫不起眼的翅膀。

  有一个博学的研究者,在他看来,生命只是物理力与化学力的斗争,他希望有一天能够以人工的办法来获得可以培育生命组织的材料,即通常所说的"原生质"。

经过深思熟虑，深入研究，他以无比的耐心，终于实现了愿望，研究者从仪器中提取出了一种很容易腐败、经过几天就发臭的蛋白质黏液。

　　难道这些化学物质会赋予生命以建筑物的结构吗？我们可以用注射器把这"原生质"注射到两片不会搏动的薄层之中，来获得哪怕是一只小飞虫的翅膀吗？

蝗虫可以使原生质在那儿生长出鞘翅来,因为这材料有原型作为指引,在行程中根据存在于它之前,事先已经制定的施工说明书作出反应。

　　我们注射器里没有这个对形状进行协调的原型,事先不存在的调节物怎么可能长出翅膀呢?那么,就让我们扔掉这些"原生质"吧,生命绝不会产生于这样的化学物质的。